Massimiliano CIGOLINI

Il cambiamento del clima

Cos'è, cosa comporta, come si affronta il cambiamento climatico

2015 *(agg. 2018)*

Note di copyright

Copyright © 2015 by Massimiliano Cigolini

Tutti i diritti riservati – *All rights reserved*

No part of this publication may be reproduced, stored in a retrieval system or transmitted in any form or by any means, electronic, mechanicals, photocopying, recording, scanning or otherwise, except as permitted by the law of EU and USA. This book or any portion thereof may not be reproduced or used in any manner whatsoever without the express written permission of the publisher except for the use of brief quotations in a book review or scholarly journal.

First Printing: 2015 – Rev. 2018

http://www.lulu.com/spotlight/cigomax

Ordering Information:
For details, contact the publisher at the above listed address.

L'autore potrà concedere a pagamento l'autorizzazione a riprodurre una porzione non superiore a un quindicesimo del presente volume.
Ogni violazione sarà punita a norma di legge.

Autore: Massimiliano Cigolini
Titolo: Il cambiamento del clima – Che cos'è, che cosa comporta, come si affronta il cambiamento climatico.
Copyright: 2015 - Rev. 2017

Il contenuto della presente pubblicazione riflette solamente il pensiero e le opinioni personali dell'autore.

PREMESSA

L'obiettivo di questo agile volumetto è quello di far conoscere, in modo semplice, il problema del cambiamento climatico. Avvicinare, in altre parole, le persone alla questione, renderle consapevoli che il cambiamento climatico esiste ed è in atto, diffondere l'informazione e stimolare il dibattito sul tema, affinché ciascuno possa interessarsi al problema e avere gli strumenti base per poi approfondire.

Sappiamo di che cosa parliamo quando diciamo che il cambiamento climatico è un fenomeno già in atto? Conosciamo che cosa fanno i governi per affrontare questo problema? Dobbiamo forse imparare a conviverci?

I contenuti di questo scritto cercheranno pertanto di dare qualche semplice risposta alle seguenti domande:

- quando possiamo dire di trovarci di fronte ad un cambiamento climatico?

- che cosa origina questo cambiamento?

- quali sono le conseguenze sulla vita dell'uomo?

- che cosa si può fare per limitare i danni?

Buona lettura!

INDICE

1. **INTRODUZIONE**   Pag. 1

2. **IL CAMBIAMENTO CLIMATICO**   Pag. 5

     a. Tempo, clima e cambiamento climatico   Pag. 5
     b. Perché il clima cambia   Pag. 10
     c. I cambiamenti climatici già avvenuti   Pag. 14
     d. La sfida del cambiamento climatico   Pag. 15

3. **LE MINACCE ALLA SICUREZZA**   Pag. 18

     a. Conseguenze e rischi ambientali, economici e politico-sociali   Pag. 18
     b. I diversi impatti nelle regioni del mondo   Pag. 21

4. **I DIFFERENTI APPROCCI AL**   Pag. 24
   PROBLEMA

   a. L'approccio delle Nazioni Unite e   Pag. 24
      dell'Unione Europea
   b. L'approccio italiano   Pag. 26

5. **CONCLUSIONI: AUSPICI E PROPOSTE**   Pag. 28

BIBLIOGRAFIA   Pag. 33

ELENCO DEGLI ALLEGATI

Allegato A: Schema semplificato della
 radiazione solare pag. 37
Allegato B: Proiezione storica dell'aumento delle
 temperature pag. 39
Allegato C: Le componenti del *climate system*
  pag. 41
Allegato D: Le conferenze sul clima che cambia:
 principali risposte pag. 43

1. INTRODUZIONE

La *climatologia* è la scienza che si occupa dello studio del clima, cioè delle condizioni medie del clima durante un certo periodo di tempo[1]. A differenza della *meteorologia*, che studia il tempo atmosferico considerando brevi periodi, la climatologia studia i differenti sistemi climatici che si sono succeduti dal passato più remoto.

Il suo ambito di intervento privilegiato è la periodicità con cui i differenti climi si sono manifestati nel corso dei millenni, in relazione alle condizioni atmosferiche.

Si tratta di una scienza multidisciplinare che coinvolge altre branche delle Scienze, ad esempio l'astrofisica, la chimica, l'ecologia, la geologia, la geofisica, la glaciologia, l'idrologia, l'oceanografia e la vulcanologia.

I climatologi vanno annunciando, da diversi anni ormai, che il cambiamento del clima dovuto all'effetto serra[2] ed alle

---

[1] Il clima è il risultato di un complesso insieme di interazioni tra l'energia in arrivo dal Sole, la composizione dell'atmosfera, le nubi, i suoli, le foreste, i ghiacciai, gli oceani e le superfici modificate dall'uomo.

[2] Esistono dei gas - alcuni di origine naturale, altri sintetizzati dall'industria chimica - che sono in grado di intrappolare nell'atmosfera una parte dell'energia solare ricevuta dalla Terra e che viene riemessa verso lo spazio, provocando il riscaldamento dell'aria. Sono i gas ad effetto serra, o *gas serra*,

alterazioni delle correnti oceaniche[3], sia per cause naturali ma anche antropiche, potrebbe modificare il futuro del nostro pianeta. Secondo gli esperti, da qui a circa 25-30 anni le possibili trasformazioni climatiche potrebbero influire pesantemente sulla vita di intere popolazioni, determinando grandi migrazioni[4] e modificando gli assetti geopolitici[5].

il più potente dei quali è il vapore acqueo, mentre i più importanti creati dall'uomo sono l'anidride carbonica, il metano ed il protossido di azoto. L'effetto serra è dunque innanzitutto un fenomeno naturale, ma oggi l'uomo sta pericolosamente aumentando la concentrazione dei gas serra nell'aria, destabilizzando così il clima e gli ecosistemi.

[3] Le variazioni che hanno luogo nella configurazione delle correnti oceaniche possono influenzare il clima del pianeta. Forse il più noto tra i fenomeni in grado di alterare periodicamente la circolazione atmosferica è quello conosciuto con il nome di *El Niño*, associato a un anomalo riscaldamento delle acque dell'oceano Pacifico.

[4] Le analisi scientifiche inter-disciplinari sostengono che non esiste una relazione causale diretta e meccanica tra cambiamento climatico e migrazioni. Gli effetti del cambiamento climatico interagiscono con molte altre variabili che assieme vanno a determinare le condizioni per le scelte migratorie delle persone, più o meno forzate. E' a seconda dei contesti che vanno analizzate le interazioni tra cambiamento climatico, fattori socio-economici, culturali e geo-politici, le cui dinamiche possono andare contemporaneamente in direzioni diverse.

[5] E' purtroppo facile prevedere che il cambiamento climatico porterà intere popolazioni a subire enormi difficoltà nel soddisfacimento dei bisogni elementari, specie se alla scarsità delle risorse e alla gravità dei fenomeni meteorologici estremi si assoceranno conflitti per i controllo delle risorse, aumento della violenza e disgregazione sociale.

Per il nostro pianeta, non è una novità: esso è ciclicamente soggetto a bruschi mutamenti di clima[6]. Nel passato i cambiamenti climatici sono stati provocati dalla variazione dell'energia solare in arrivo sul pianeta per fattori astronomici e terrestri, quali ad esempio la precessione degli equinozi e la variazione del campo magnetico terrestre.

Diverso è invece per noi esseri umani del XXI secolo, "di passaggio" su questa Terra e che potremmo quindi essere spettatori di questa probabile svolta epocale[7].

Capire che cosa sta accadendo intorno a noi dal punto di vista del clima è molto importante: ad esempio, il nesso tra cambiamento climatico e sicurezza (in ogni sua implicazione: fisica, sanitaria, idrica, alimentare, militare...) è un dato ormai riconosciuto: il riscaldamento dell'atmosfera è un fenomeno a larga scala destinato ad incidere su tutti gli aspetti della vita associata, non escluse le strutture istituzionali e politiche.

---

[6] La storia del nostro pianeta è segnata da catastrofi causate da avverse condizioni atmosferiche che hanno modificato habitat terrestre e biosfera.

[7] Il clima della Terra, nel corso della sua storia geologica, ha subito numerose variazioni in conseguenza di fattori naturali ciclici, fattori che rendono conto della ripartizione stagionale e delle radiazioni solari ricevute dalla Terra.

Nel corso degli ultimi anni, sia i singoli governi che la comunità internazionale, hanno percepito il cambiamento climatico come una minaccia alla sicurezza, anche sulla base delle numerose ricerche scientifiche le quali ci indicano che tale cambiamento è un processo già in corso e che nemmeno l'immediata attuazione di severe misure di *mitigazione* (riferibili principalmente alla riduzione delle emissioni di gas serra) basterebbe a contenere gli effetti dei cambiamenti nei prossimi decenni. Tutto ciò conduce la comunità internazionale a pensare ad uno sforzo comune per superare gli approcci settoriali attuali, dove le politiche ambientali sono ancora separate da quelle di sicurezza e la obbliga a ripensare daccapo le strategie di *adattamento* (riferibili principalmente all'accettazione del cambiamento) e di sviluppo economico e sociale.

Gli strumenti per affrontare il problema del cambiamento climatico sono dunque la mitigazione e l'adattamento. Quale sarà allora il futuro del pianeta? Quali nuove dinamiche si delineeranno tra le potenze mondiali? L'attuale scenario sarà minacciato da nuovi conflitti innescati dalla mancanza di risorse idriche, alimentari ed energetiche? Non ci sono risposte certe: questo semplice opuscolo mira a spiegare quanto sta accadendo e vuole aiutare a comprendere meglio un fenomeno complesso quale è, appunto, il cambiamento climatico in atto.

2. IL CAMBIAMENTO CLIMATICO.

a. Tempo, clima e cambiamento climatico

E' doveroso e necessario anzitutto eliminare ogni possibile confusione e precisare cosa si intenda per cambiamento climatico.

L'errore più frequente è, infatti, confondere il *tempo meteorologico* con il *clima*, con il rischio di scambiare il cambiamento climatico per una variazione meteorologica. Bisogna invece subito capire che gli eventi climatici ed i fenomeni meteorologici agiscono su scale temporali e spaziali diverse ed hanno dunque implicazioni ed effetti diversi sula vita degli esseri viventi.

Mentre il *tempo* è l'evento meteorologico osservato in un dato momento ed in un dato luogo e può variare sensibilmente da un giorno all'altro, il *clima* è una proprietà statistica del tempo, cioè uno "stato medio" delle condizioni atmosferiche che solitamente si riscontrano in una area geografica su una scala temporale di decenni, secoli o millenni.

Il clima si può dunque definire come l'insieme delle condizioni atmosferiche medie di un luogo, di una determinata regione geografica, che si manifestano per un periodo di tempo piuttosto lungo. Esse sono misurate, per convenzione, in un arco temporale di circa 25-30 anni.

Data l'estrema variabilità dei parametri meteorologici, infatti, l'Organizzazione Meteorologica Mondiale[8] ha stabilito che per poter individuare le caratteristiche climatiche, e quindi "lo stato medio dell'atmosfera", di una data località, la durata minima delle serie storico-temporali dei dati meteorologici deve essere di almeno 30 anni. La disciplina che studia il clima, i suoi elementi e i suoi fattori e classifica i tipi climatici è la climatologia.

Gli elementi che caratterizzano e determinano il clima sono svariati: temperatura, pressione atmosferica, insolazione, umidità, nuvolosità, venti e precipitazioni. I fattori fondamentali che influenzano il clima invece sono la latitudine, l'altitudine, le stagioni, la

---

[8] Vds. http://www.wmo.int/pages/index_en.html (consultato il 11.02.2017).

distribuzione delle zone montuose o collinari, delle zone di pianura, la vicinanza al mare, le correnti marine e le atmosferiche, la vegetazione e negli ultimi anni anche l'attività dell'uomo.

Per fare un esempio, si ha un cambiamento climatico quando verifico che la media delle temperature massime del mese di gennaio misurata in una città (e calcolata, nel caso, nel trentennio 1961-1990) è mutata ed è dunque maggiore o minore rispetto a quella calcolata per lo stesso periodo e nel medesimo luogo nel trentennio precedente (cioè 1931-1960). Questo semplice esempio fa ben comprendere che tutto ciò non ha nulla a che vedere col fatto che in un certo giorno possa esserci molto freddo o molto caldo in una zona che ha una certa stabilità climatica.

I principali tipi di clima sono: il clima equatoriale, il clima desertico, il clima mediterraneo, il clima oceanico, il clima continentale, il clima temperato[9].

Il nostro pianeta è convenzionalmente suddiviso in fasce - o zone – climatiche:

---

[9] Vds. http://www.miraggi.it/climi/inclimi3.asp (sito consultato il 11.02.2017).

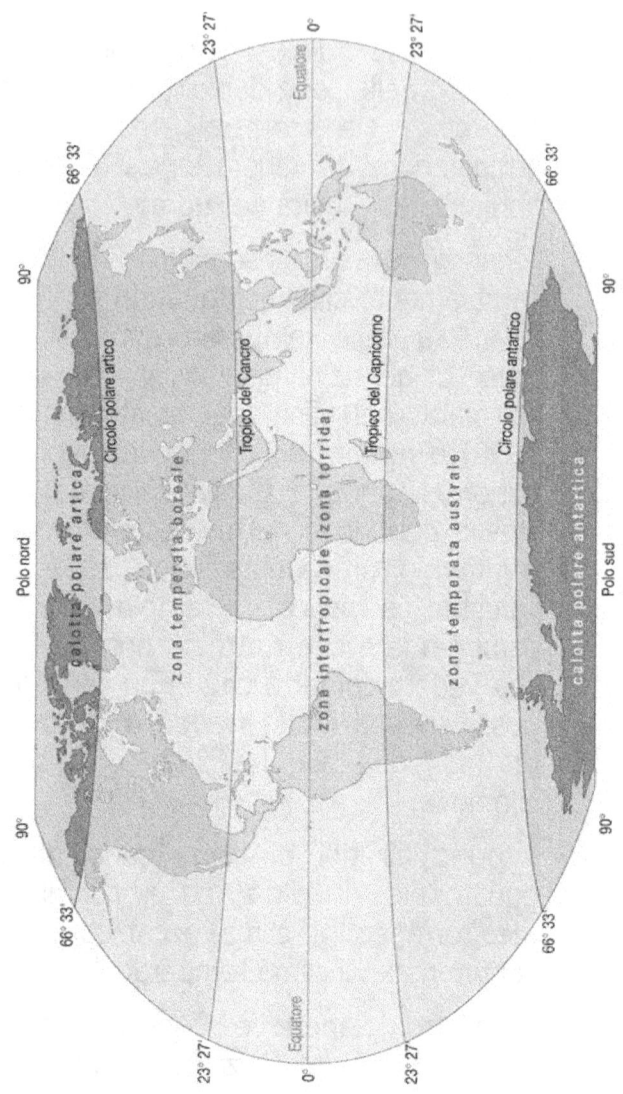

Fig. 1

(fonte: https://www.tes.com/member/pietroblu)

- ***zona glaciale***: vi rientrano il Polo Nord (Artide) ed il Polo Sud (Antartide). Questa zona rimane sempre sotto agli 0° centigradi.

- ***zona temperata***: composta di due fasce comprese tra le due zone glaciali ed i due tropici (Tropico del Cancro e Tropico del Capricorno). Qui le temperature medie annue oscillano tra gli 0° centigradi ed i +20° centigradi. La fascia compresa nell'emisfero nord è chiamata Boreale, mentre quella compresa nell'emisfero sud, Australe.

- ***zona tropicale***: si trova a cavallo dell'equatore tra i due tropici. La temperatura media annuale rimane costantemente al sopra dei +20° centigradi.

Dire, dunque, che c'è un cambiamento climatico in atto significa affermare che sta cambiano una proprietà statistica del tempo meteorologico. Proprietà statistica che si chiama, appunto, clima[10].

---

[10] La parola clima deriva dal greco *Klima* che significa "inclinazione". Infatti in massima parte esso è in funzione della inclinazione e, di conseguenza, dell'incidenza dei raggi solari sulla Terra. La latitudine è un fattore molto importante nella determinazione del clima, infatti da essa si può facilmente dedurre l'angolo di incidenza dei raggi solari. Nella zona

b. **Perché il clima cambia**

Il clima non è immutabile, ma cambia nel tempo sotto l'azione di forzanti climatiche che hanno cause naturali oppure cause antropiche. Tra le cause naturali del cambiamento, ricordiamo ad esempio i parametri orbitali Terra-Sole[11]. Secondo i climatologi però, il rapido ed inequivocabile aumento della temperatura globale osservato negli ultimi decenni, non è più spiegabile considerando solo i fattori naturali ma è il probabile risultato dell'emissione di gas serra da parte delle attività umane, come ribadito anche dall'*Intergovernmental Panel on Climate Change* (IPCC) delle Nazioni Unite[12] e da grandi accademie scientifiche

---

tropicale l'angolo di incidenza dei raggi solari cambia di poco nel corso dell'anno a causa dell'inclinazione dell'orbita terrestre, quindi il clima sarà abbastanza stabile; mentre per le zone temperate l'angolo varia sensibilmente provocando la nascita delle stagioni a seconda che i raggi cadano quasi perpendicolarmente (estate), oppure che siano radenti al suolo (inverno). La situazione estrema si verifica nelle zone glaciali dove addirittura il sole non tramonta o non nasce per ben sei mesi.
[11] La relazione con il clima è stata approfondita dal matematico serbo Milutin Milankovitch già nel 1920: variazioni nell'inclinazione dell'asse terrestre, nell'eccentricità dell'orbita e la precessione degli equinozi, influenzano la quantità di energia solare che raggiunge la Terra e la sua distribuzione nelle stagioni.
[12] https://www.ipcc.ch/ (accesso effettuato il 11.02.2017).

internazionali. Tra queste, si veda ad esempio l'*American Meteorological Society* (AMS), che ha pubblicato, nel mese di agosto 2012, un dichiarazione sulla natura antropogenica del riscaldamento globale[13].

Le attività umane che riguardano la produzione di beni e servizi (in particolare industria e agricoltura) sono colpevoli di immettere nell'atmosfera enormi quantitativi di gas ad effetto serra (GHG – *greenhouse gas*, ossia anidride carbonica, metano, protossido di azoto, ozono) oltre al vapore acqueo. Questi gas, unendosi a quelli già presenti in natura connessi alle attività vulcaniche, agli incendi boschivi e al metabolismo degli esseri viventi, intrappolano l'irradiamento solare riemesso dalla Terra come radiazione infrarossa e non permettono al nostro pianeta di raffreddarsi causando, di conseguenza, aumenti incontrollati delle temperature e perturbazioni nel ciclo dell'atmosfera.

Si è calcolato infatti che dal 1900 a oggi la temperatura media planetaria è aumentata di circa 0,8°C (maggiormente negli anni successivi al 1980) e, secondo l'agenzia

---

[13] *An Information Statement of the American Meteorological Society (Adopted by AMS Council 20 August 2012)* in https://www.ametsoc.org/policy/2012climatechange.html (accesso effettuato il 07.03.2014).

americana NOAA[14], il 2005 ed il 2010 sono stati gli anni più caldi a scala globale dall'inizio delle misure sistematiche (cioè dal 1850 circa). Il riscaldamento globale atmosferico non è stato omogeneo ovunque: più intenso sulla terraferma, più moderato sopra gli oceani. Solo poche regioni del mondo (come Cile, Argentina meridionale e alcune parti degli oceani) hanno mostrato invece una diminuzione di temperatura negli ultimi cento anni, mentre il gruppo di lavoro dell'ISAC-CNR[15] di Bologna ha valutato in +1,3°C la tendenza secolare della temperatura in Italia.

Le simulazioni climatiche elaborate con modelli fisico-matematici prospettano uno stravolgimento delle aree climatiche, con la tropicalizzazione del clima mediterraneo e la desertificazione di alcune aree e l'allagamento di vaste regioni del pianeta

---

[14] *National Oceanic and Atmosphere Administration*, agenzia che cerca di migliorare la qualità della vita attraverso la scienza, la cui *mission* è di capire, prevedere e condividere le informazioni relative al cambiamento climatico.

[15] Istituto di Scienze dell'Atmosfera e del Clima – Consiglio Nazionale delle Ricerche. Dal mandato del CNR all'Istituto, scaturiscono le sue finalità: l'Istituto è destinato a svolgere attività di ricerca, promozione e trasferimento tecnologico nelle seguenti discipline: meteorologia e sue applicazioni, il cambiamento climatico e la prevedibilità, la struttura e la composizione atmosferica, osservazioni del pianeta Terra.

per effetto dell'innalzamento del livello delle acque marine[16].

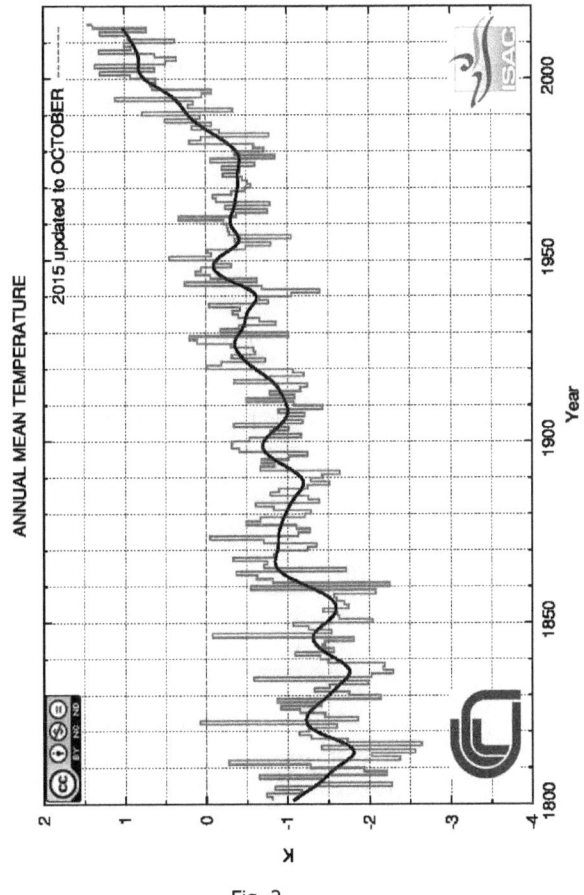

Fig. 2

(fonte:
http://www.isac.cnr.it/climstor/climate/mean_yr_ita_TMM_met.html)

---

[16] Cfr. M. Giuliacci, *Manuale di meteorologia*, Alpha Test, Milano, 2003, pag. 5.

c. **I cambiamenti climatici già avvenuti**

Abbiamo già avuto modo di dire che il nostro pianeta è stato interessato da sempre da cambiamenti di clima. Si pensi ad esempio ai mutamenti di zone come la Groenlandia (dall'inglese *Greenland*, terra verde) sulla quale i Vichinghi trovarono condizioni climatiche favorevoli od il Sahara, un tempo terra rigogliosa e fertile scelta da diverse popolazioni come sede stanziale. Oppure basti ricordare la c.d. "piccola era glaciale" che colpì l'Europa tra il 1550 ed il 1850, periodo caratterizzato da inverni lunghi e rigidi ed estati relativamente fresche ed umide e da un notevole avanzamento dei ghiacciai. Questa epoca fu preceduta da un lungo periodo di temperature relativamente elevate ed infatti molti scienziati ritengono che il riscaldamento globale sia unicamente una fase che precede l'avvento di una piccola era glaciale.

Secondo il geofisico Victor Manuel Velasco Herrera dell'Università del Messico, la Terra entrerà in una " piccola era glaciale", che durerà 60-80 anni, causata soprattutto dalla diminuzione dell'attività solare[17]. Alcuni scienziati vedevano già nel 2014 l'anno di inizio ufficiale della nuova era e questo a causa del riscaldamento globale che sta portando allo scioglimento della calotta polare. Il riversarsi di acqua dolce nell'oceano potrebbe, riducendone la salinità, bloccare la corrente del Golfo privandoci del suo effetto riscaldante del clima.

Altri scienziati, invece, bollano questa teoria come un mito, ridimensionando di molto l'importanza di questa corrente in un eventuale cambiamento climatico e ipotizzando che il modesto raffreddamento causato da una sua interruzione sarebbe compensato dal continuo aumento dei gas serra e quindi da un aumento del riscaldamento globale[18].

d. La sfida del cambiamento climatico

La vera sfida del cambiamento climatico sta nell'approccio, ossia nel metodo e nella prospettiva particolare con cui si affronta lo studio del problema. Per l'IPCC, che non

---

[17] Vds. http://climatechaos2020.blogspot.it/2008/10/60-years-cooling-victor-manuel-velasco.html e inoltre vds. http://www.dgcs.unam.mx/boletin/bdboletin/2016_561.html (siti consultati il 11.02.2017)
[18] http://ocp.ldeo.columbia.edu/res/div/ocp/gs/ (consultato il 11.02.2017)

fa ricerca in proprio ma revisiona e analizza centinaia di pubblicazioni scientifiche e tecnico-economiche, la sfida è soprattutto l'adattamento. Il V Rapporto (del 2014) del *Panel* indica la strada: non è sufficiente seguire politiche di mitigazione, ma diventa necessario che i governi investano per proteggersi dai rischi delle minacce già in atto. A Yokohama, nel marzo 2014, i climatologi del *Working Group II* del *Panel* hanno esposto uno studio di questo Rapporto, intitolato *"Climate Change 2014 Impacts, Adaptation, and Vulnerability"*[19] e presentato ai *policymakers* e alla stampa di tutto il mondo dopo cinque giorni di summit[20]. Dopo la pubblicazione della prima parte del V Rapporto in cui sostanzialmente si è fatto il punto sulla scienza del clima, nella seconda il *focus* concerne i rischi e gli adattamenti al cambiamento. La terza parte[21], *"Climate Change 2014: Mitigation of Climate*

---

[19] Cfr. http://ipcc-wg2.gov/AR5/ (ultimo accesso effettuato il 14.04.2014).
[20] Per l'Italia, Riccardo Valentini, del Centro Euromediterraneo per i Cambiamenti Climatici (CMCC) e Sergio Castellari, Focal Point IPCC per l'Italia e ricercatore del CMCC, lo hanno presentato alla stampa italiana in una web conference il 31.03.2014.
[21] Cfr. http://mitigation2014.org/ (ultimo accesso effettuato il 14.04.2014).

Change", invece, si interessa di mitigazione e riguarda tutte le misure atte a ridurre le emissioni di gas serra o a riassorbire l'eccesso di anidride carbonica. Ad ottobre, a Copenaghen, è stato presentato il rapporto sintetico[22].

IPCC sta predisponendo il VI Rapporto[23]. Durante questa fase, il *Panel* produrrà tre *Special Reports,* un rapporto metodologico sugli inventari nazionali dei gas serra e il sesto Rapporto.

La 43^ sessione dell'IPCC che si è tenuta in aprile del 2016 ha convenuto che la "relazione di sintesi" (AR6) sarà finalizzato nel 2022, in tempo per il primo bilancio globale UNFCCC[24], quando i paesi esamineranno i progressi verso il loro obiettivo di mantenere il riscaldamento globale ben al di sotto dei 2 ° C, mentre

---

[22] Cfr. http://ar5 syr.ipcc.ch/ipcc/ipcc/resources/pdf/IPCC_SynthesisReport.pdf
[23] https://www.ipcc.ch/index.htm (consultato il 11.02.2017)
[24] La Convenzione quadro delle Nazioni Unite sui cambiamenti climatici (in inglese United Nations Framework Convention on Climate Change da cui l'acronimo UNFCCC o FCCC), nota anche come Accordi di Rio, è un trattato ambientale internazionale prodotto dalla Conferenza sull'Ambiente e sullo Sviluppo delle Nazioni Unite (UNCED, United Nations Conference on Environment and Development), informalmente conosciuta come Summit della Terra, tenutasi a Rio de Janeiro nel 1992. Il trattato punta alla riduzione delle emissioni dei gas serra, sulla base dell'ipotesi di riscaldamento globale.

proseguono gli sforzi per limitarlo a 1,5 °C. I tre contributi dei gruppi di lavoro per l'AR6 saranno ultimati nel 2021.

Che il clima stia cambiando ormai non è più oggetto di discussione, se non per i pochi *denialists* che continuano a confutare una realtà solidamente supportata da evidenze scientifiche[25].

3. LE MINACCE ALLA SICUREZZA

a. **Conseguenze e rischi ambientali, economici e politico-sociali**

L'IPCC ha confermato la tendenza di aumento delle temperature, stilando una previsione fino al 2100 che può essere così sintetizzata:

1. **incremento della temperatura media da 1,5° a 6°C**: tale fenomeno renderebbe l'Europa meridionale più arida e quella settentrionale più irrigata. Lo scioglimento dei ghiacci delle calotte polari comporterebbe un aumento del livello dei mari con forte impatto sugli

---

[25] Cfr. su questo tema le opinioni sui seguenti siti internet:
a) http://www.climatemonitor.it/?p=35268;
b) http://www.puntosostenibile.it/2009/11/04.php;
c) http://www.ecoblog.it/post/15053/evidenze-dei-cambiamenti-climatici-negli-eventi-meteorologici-estremi.
(siti consultati il 11.02.2017)

abitanti delle zone costiere a pochi metri sul livello del mare;
2. **aumento degli episodi climatici violenti**: sono già in atto cambiamenti in quantità e intensità delle precipitazioni, come siccità, ondate di calore e cicloni tropicali, sebbene i dati raccolti siano ancora pochi per trarre conclusioni significative per il lungo periodo;
3. **depauperamento delle biodiversità**[26]: le piante hanno bisogno di tempo per crescere e maturare e ciò in caso di stress climatico diventa difficile o improbabile. Inoltre la modifica del regime delle precipitazioni causerebbe la proliferazione di insetti portatori di malattie parassitarie ed il possibile sviluppo di agenti patogeni;
4. **emergenza acqua ed incremento**

---

[26] Per biodiversità si intende l'insieme di tutte le forme viventi geneticamente diverse e degli ecosistemi ad esse correlati. Implica tutta la variabilità biologica: di geni, specie, habitat ed ecosistemi. La biodiversità ha influenze anche sulle produzioni dell'uomo. È grazie alle biodiversità presenti in paesi diversi, più spesso in una piccola regione, che risulta possibile avere delle produzioni o delle caratteristiche specifiche. Di conseguenza esistono vari e importanti motivi per mantenere un'elevata biodiversità sia a livello nazionale che locale. La perdita di specie, sottospecie o varietà comporterebbe infatti una serie di danni.

delle zone aride: la diminuzione degli eventi piovosi e nevosi provocherà siccità ed un aumento delle zone aride e sterili, per cui diminuirà il rendimento delle terre come già accade nel Sahel, nel Mediterraneo, in Sud Africa e nell'Asia meridionale. La disponibilità d'acqua ha un impatto diretto su povertà e sanità: la mortalità infantile è associata alla mancanza di fonti sicure d'acqua ed il mancato accesso all'acqua di buona qualità è fattore di rischio per infezioni come diarrea ed altre malattie. Cambiamenti nei regimi pluviali porteranno malattie in zone dove non c'erano. Inoltre va considerato un possibile aumento dei conflitti nelle regioni dove l'acqua diventa scarsa;

5. **sicurezza alimentare**: l'aumento della temperatura, la maggiore domanda di acqua, la piovosità irregolare e l'aumento di eventi climatici estremi hanno effetti diretti: le produzioni, nelle aree agricole, aumenteranno in alcuni Paesi ma diminuiranno sensibilmente nei Paesi in via di sviluppo e nelle zone a rischio aridità. Conflitti per il cibo non sono dunque da escludersi;

6. **crescita flussi migratori**: in termini di sicurezza, due sono le principali preoccupazioni alla sicurezza

internazionale: *in primis*, l'aumento dei flussi migratori interni ed internazionali inerenti migranti o rifugiati ambientali[27] verso zone più temperate, vivibili e sicure dal punto di vista di cibo e acqua (processo già in atto nel mondo) ed, in secondo luogo, l'aumento se non addirittura la creazione di nuovi conflitti nelle aree di transito e di destinazione.

b. **I diversi impatti nelle regioni del mondo e le relative minacce alla sicurezza**

Il cambiamento climatico in atto avrà differenti impatti nelle diverse parti del mondo, riassumibili nei seguenti punti principali:

- **Europa**: l'aumento della temperatura interesserà maggiormente le zone meridionali e nord orientali. Diminuiranno gli inverni freddi ed aumenteranno le estati calde. Aumenterà anche il numero degli eventi climatici estremi ed il divario di abbondanza e scarsità di acqua fra nord e sud sarà marcato, come pure negli ambiti quali agricoltura, industria e

---

[27] Sono rifugiati ambientali coloro che si allontanano dal proprio Paese a causa di guerre, persecuzioni o catastrofi naturali. La maggior parte dei migranti lascia invece il proprio paese per motivi economici.

turismo. Possibile aumento dei flussi migratori verso le zone climaticamente più favorevoli e conseguenti possibili conflitti;
- **Africa**: continente più vulnerabile ai cambiamenti climatici per la bassa capacità di adattamento, è presumibile che già dal 2020, nella regione subsahariana, la produzione agricola si riduca del 50% e le terre aride potrebbero triplicare. Nel nord e nel Sahel si potrebbe avere una perdita del 75% delle terre arabili non irrigate, mentre il delta del Nilo è a rischio di ingressione marina dovuta all'innalzamento del livello del mare, con la conseguente salinizzazione delle terre agricole. Nel Corno d'Africa si aggraverà la situazione di una zona già vulnerabile ai conflitti ed al degrado ambientale. Nel Sud del continente la siccità aggraverà l'insicurezza alimentare per milioni di persone. Si attende perciò un aumento delle migrazioni sia interne che verso l'Europa e sempre una maggiore diffusione delle malattie associate al cambiamento climatico;
- **Asia Centrale**: riscaldamento e ritiro glaciale aggraveranno i problemi idrici, agricoli e di distribuzione in una regione ove già sono presenti tensioni politiche

e sociali, mentre in Asia meridionale il ritiro dei ghiacciai dell'Himalaya metterà a rischio la fornitura di acqua e le variazioni del monsone annuale influenzeranno l'agricoltura e l'ascesa del livello del mare, minacciando insediamenti umani nel Golfo del Bengala;
- **America latina e Caraibi**: il cambiamento porterà una diminuzione della produttività agricola e degli allevamenti, con ripercussioni sulla sicurezza e disponibilità alimentare. Cambiamenti dei regimi pluviometrici e ritiro dei ghiacciai impatteranno sulla disponibilità di acqua per il consumo umano, l'agricoltura e l'energia;
- **Regione Andina e Amazzonia**: il ritiro dei ghiacciai andini minerà i rifornimenti idrici e l'inarrestabile sfruttamento della foresta pluviale amazzonica altererà radicalmente l'ambiente naturale del sud America;
- **Artico**: già si è misurata una temperatura media più alta rispetto agli ultimi 400 anni. Il ritiro dei ghiacci dovrebbe aprire nuove rotte marittime e commerciali internazionali e la possibilità di raggiungere e sfruttare enormi giacimenti di idrocarburi. Questo ultimo aspetto presenta però non poche

implicazioni ai fini della stabilità internazionale e della sicurezza europea.

4. I DIFFERENTI APPROCCI AL PROBLEMA

a. L'approccio delle Nazioni Unite e dell'Unione Europea

Per l'ONU, i risultati dei lavori del IPCC dimostrano che anche se entro il 2050 le emissioni di gas serra fossero ridotte a meno della metà dei livelli del 1990, sarebbe comunque difficile evitare un aumento della temperatura fino a 2°C rispetto ai livelli preindustriali. Lo stesso raggiungimento dei *Millennium Goals* sarebbe notevolmente compromesso. Le Nazioni Unite si occupano di cambiamento climatico e dei suoi effetti attraverso l'UNEP, il Programma delle Nazioni Unite per l'ambiente, che è un'organizzazione internazionale che opera dal 1972 contro i cambiamenti climatici a favore della tutela dell'ambiente e dell'uso sostenibile delle risorse naturali[28]. Riguardo all'Europa, la

---

[28] La sede è a Nairobi (Kenya), ma opera in diverse parti del mondo tramite altri uffici amministrativi. L'UNEP affronta come tema principale quello dei cambiamenti climatici e opera con lo scopo di salvaguardare il futuro della società mondiale. Per eseguire le sue funzioni, opera in coordinamento con gli altri programmi e agenzie delle Nazioni Unite, con le altre

strategia in materia di sicurezza ha riconosciuto il collegamento tra riscaldamento globale e competizione per le risorse naturali. Una relazione di esperti esamina infatti come si possa utilizzare l'intera gamma degli strumenti della Unione Europea, compresa la PESC/PSDC[29], insieme alle politiche di mitigazione e di adattamento per far fronte ai rischi per la sicurezza. La UE definisce inoltre lo sviluppo sostenibile come l'obiettivo globale a lungo termine da perseguire in tutte le politiche, a partire dalla *Politica di coesione*, che opera attraverso programmi nazionali, regionali e interregionali e si articola nell'azione di diversi fondi finalizzati allo

---

organizzazioni internazionali, con gli Stati nazionali e con le ONG. In collaborazione con l'IPCC (*Panel* intergovernativo sul cambiamento climatico costituito nel 1988) valuta quali cambiamenti climatici si sono avuti e studia la situazione con opportune analisi scientifiche per comprendere le cause e le conseguenze di questi cambiamenti (Tratto da *Wikipedia*, in http://it.wikipedia.org/wiki/Programma_delle_Nazioni_Unite_per _l'ambiente, ultimo accesso il 15.04.2014).
[29] La Politica di sicurezza e di difesa comune (acronimo PSDC) è una delle parti più importanti della Politica estera e di sicurezza comune (PESC), ovvero l'ex "secondo pilastro" dell'Unione europea (i pilastri sono stati aboliti dal Trattato di Lisbona). Con lo stesso Trattato di Lisbona la PESD ha cambiato nome in PSDC ovvero Politica di Sicurezza e Difesa Comune (Art.42 TUE).In particolare l'articolo 42 al punto 7 contiene una clausola di mutua difesa che obbliga tutti gli stati UE ad intervenire in solido in caso di necessità.

sviluppo e alla coesione economica, sociale e territoriale. Allo stesso tempo l'Unione europea sta sviluppando una strategia di adattamento agli impatti dei cambiamenti climatici che non possono essere più "prevenuti". L'obiettivo è quello di promuovere strategie che aumentino la resilienza[30] al cambiamento climatico della salute, dei beni e delle funzioni produttive dei suoli e di migliorare la gestione delle risorse idriche e degli ecosistemi.

b. **L'approccio italiano**

Per l'Italia, l'osservazione dei dati relativi all'indice di vulnerabilità al cambiamento climatico e del rischio energetico, elaborati dai servizi della Commissione europea, evidenziano problematiche in particolare nelle zone costiere e attorno ai principali insediamenti urbani dove si localizzano grandi poli industriali e logistici. In buona parte dei Programmi Operativi nazionali, interregionali e regionali relativi al Fondo Europeo di Sviluppo Regionale e nei Programmi regionali a sostegno dello sviluppo rurale,

---

[30] In ecologia e biologia, la resilienza è la capacità di un ecosistema, inclusi quello umano come le città, o di un organismo, di ripristinare l'omeostasi, ovvero la condizione di equilibrio del sistema, a seguito di un intervento esterno.

i contenuti del Pacchetto "Clima ed Energia" hanno trovato la loro declinazione. Nel nostro Paese, il Quadro Strategico Nazionale 2007-2013 ha recepito gli indirizzi europei attraverso l'individuazione di tre priorità connesse al tema del cambiamento climatico: la priorità 3, Energia e ambiente e uso sostenibile ed efficiente delle risorse ambientali per lo sviluppo, la priorità 5, Valorizzazione delle risorse naturali e culturali per l'attrattività per lo sviluppo e la priorità 6, Reti e collegamenti per la mobilità. Le priorità hanno trovato differente declinazione: gli interventi di mitigazione nei Programmi regionali sono stati declinati principalmente in misure per la produzione energetica da fonti rinnovabili, per il risparmio energetico, per il miglioramento del sistema di trasporti e per l'uso sostenibile delle risorse naturali. Gli interventi di adattamento al cambiamento climatico invece fanno riferimento principalmente alla prevenzione e gestione dei rischi, naturali e antropici, trascurando gli interventi finalizzati alla riduzione della vulnerabilità dei sistemi economici locali. Da quanto sopra esposto emerge che una maggiore sinergia debba essere attuata tra il livello di *governance* regionale e quello locale, visto che il livello regionale è quello che assume obiettivi ed impegni vincolanti sui temi dell'ambiente e dell'energia.

5. CONCLUSIONI: AUSPICI E PROPOSTE

L'impatto dei cambiamenti climatici sulla sicurezza internazionale non è un problema che si porrà in futuro, è un problema che si pone già adesso e non è transitorio. Anche se si compiono progressi nella riduzione dei gas serra, i regimi climatici sono già cambiati, l'innalzamento delle temperature su scala mondiale è già una realtà e, soprattutto, il cambiamento climatico si avverte già in tutto il mondo. Le maggiori minacce incombono su Stati e regioni già fragili che sono già particolarmente vulnerabili sul piano ambientale, geografico, istituzionale ed economico. Per questo motivo **cambiamenti climatici e sicurezza appartengono a due ambiti non separati ma intrecciati**[31].

---

[31] Anche per la NATO, la lotta ai cambiamenti climatici è una questione di sicurezza. Il cap. 6 dello *Strategic Foresight Analysis (2013 Report)* del *Headquarters Supreme Allied Commander Transformation* si occupa del tema dell'ambiente ed analizza il cambiamento ambientale, le implicazioni di assistenza umanitaria, le operazioni di recupero in caso di eventi catastrofici, l'accesso alla regione Artica ed i conflitti potenziali per la scarsità di acqua. Un altro studio, americano e britannico, *The climate and energy nexus*, redatto dal *Center for Naval*

Le strategie, le politiche e le istituzioni tendono oggi invece ancora a privilegiare un approccio settoriale a tale problema: esistono infatti programmi di crescita economica da un lato, di sviluppo sociale dall'altro, di sicurezza energetica, di tutela della biodiversità, di sviluppo sostenibile, di mitigazione e di adattamento; esistono le agende di sicurezza nazionali ed internazionali e, ad esempio, le politiche migratorie. Per queste ragioni oggi diventa fondamentale migliorare la capacità di leggere ed anticipare le dinamiche concrete in atto a livello regionale e subnazionale. Gli sforzi tardivi che adotterà la comunità internazionale per adeguarsi ai cambiamenti climatici fomenteranno la rivalità tra Stati e la sempre crescente insicurezza.

Gli strumenti per affrontare il problema del cambiamento climatico sono la mitigazione e l'adattamento.

La *mitigazione* comporta l'eliminazione o la parziale riduzione delle cause del cambiamento in modo da tornare alle condizioni iniziali. Significa ridurre i gas serra diminuendo i processi che li generano o utilizzando strumenti per il loro recupero.

Analyses e dal *Royal United Service Institute*, si occupa della riduzione delle emissioni di CO2 spiegando che bisogna partire dalla riduzione del consumo dei gas fossili e gas scisto e ricercare la efficienza energetica attraverso le energie rinnovabili o biocarburanti adatti a sostituire il petrolio.

Alternativa promettente è lo sviluppo di *policy* e procedure per la gestione del territorio che producano effetti di sottrazione della CO2 dall'atmosfera, agendo sulle cause principali, come ad esempio la promozione di una mobilità intelligente per ridurre le emissioni o processi produttivi e industriali più sostenibili. Ma questo risultato richiede un sacrificio economico di grandi dimensioni, intorno al quale è difficile raggiungere il necessario accordo internazionale.

L'*adattamento* comporta invece l'accettazione del cambiamento e la prevenzione degli effetti negativi con interventi miranti a modificare l'uso del territorio in funzione delle nuove condizioni ambientali, quali, ad esempio, lo spostamento preventivo delle città e delle infrastrutture esposte all'innalzamento del livello del mare, l'identificazione di produzioni agricole più adatte alle nuove condizioni climatiche, la progettazione di nuove soluzioni abitative ed, in generale, la programmazione di sviluppo di nuove aree o attività e la gestione o declino di altre, una strategia demografica per la rilocazione d'intere popolazioni prima che queste siano spinte dalle condizioni avverse ad abbandonare le proprie terre (prevenire le migrazioni). Nel breve e medio periodo adattarsi significa puntare sulla resilienza. L'adattamento non ha bisogno di un vasto consenso internazionale, però non garantisce l'efficacia dell'intervento poiché i tempi e le modalità locali con cui il cambiamento climatico è destinato a manifestarsi sono molto più incerti delle condizioni climatiche a cui si potrebbe ritornare con la mitigazione. La previsione degli scenari futuri è un compito molto difficile: esiste pertanto anche il rischio di attivare adattamenti insufficienti od eccessivi. Queste difficoltà non giustificano tuttavia un'inerzia od una immobilità che abbandonano il mondo alla fatalità dei cambiamenti. Non c'è dubbio che siamo di fronte ad una sfida seria. Capire questa sfida può anche significare affrontarla in modo creativo e dunque rendere le strategie di adattamento un mezzo importante per costruire un mondo e una società più vivaci e innovativi sia a breve che a lungo termine.

BIBLIOGRAFIA

1. **Libri**

   - Centro Epson Meteo, Col. Giuliacci Mario (a cura di), Manuale di meteorologia, Alpha Test, Milano, 2003
   - Mercalli Luca, Che tempo che farà, Milano, Rizzoli, 2009

2. **Pubblicazioni e documenti**

   - Boccalatte Claudio, Energie rinnovabili: opportunità e sostenibilità, in "Informazioni della Difesa, n. 4-2013", pp. 60-67.
   - Carli Bruno, La sfida dei cambiamenti climatici, in "Atlante Geopolitico Treccani", in http://www.treccani.it/geopolitico/saggi/2012/la-sfida-dei-cambiamenti-climatici.html, (accesso effettuato il 03/02/2014).
   - Centro Studi di Politica Internazionale (a cura di), Cambiamento Climatico e governance della sicurezza: la rilevanza politica della nuova agenda internazionale, in "Osservatorio di Politica Internazionale n. 16", maggio 2010, CESPI.
   - Centro Studi di Politica Internazionale (a cura di), La Conferenza ONU di Varsavia sui cambiamenti climatici. Problemi, date e prospettive, in "Osservatorio di politica Internazionale n. 81", novembre 2013, CESPI.

- Clini Carlo, From Global Warming to Ice Age, in "Longitude n. 34 – the Italian monthly on world affairs", january 2014, pp.122-123.
- Ten. Col. Frattolillo Alberto, Cambiamenti climatici e conflitti: l'influenza dell'ambiente, in "Rassegna dell'Esercito n. 1-2013", pp.10-21.
- Mercalli Luca, Il clima che cambia, in "I cambiamenti climatici tra mitigazione e adattamento – Politiche e scenari per lo sviluppo sostenibile delle Regioni", Programma Operativo Nazionale Governance e Azioni di Sistema 2007-2013, Ministero dell'Ambiente, ottobre 2012.
- NATO Headquarters Supreme Allied Commander Transformation, Environmental / Climate Change and Natural Disaster, in "Strategic Foresight Analysis – Report 2013", pp. 30-32.
- Cambiamenti climatici e sicurezza internazionale, Documento dell'Alto Rappresentante e della Commissione europea per il Consiglio europeo, Ufficio delle Pubblicazioni, 2008.

3. **Conferenze**

- Ten. Col. Malaspina Fabio, La sfida del cambiamento climatico: tra percezione e realtà, evento del Centro Studi Militari Aeronautici, gennaio 2014.

4. **Articoli *online***

- Caracciolo Lucio, Il cambiamento climatico e i conflitti di potere, di oggi e di domani, in "Limes Oggi", in http://temi.repubblica.it/limes/il-cambiamento-climatico-e-i-conflitti-di-potere-di-oggi-e-di-domani/58137 (accesso effettuato il 16/02/2014).

- De Scalzi Niccolò, Perchè la CIA studia i cambiamenti climatici, in http://www.altd.it/2013/07/30/perche-la-cia-studia-i-cambiamenti-climatici/ (accesso effettuato il 02/03/2014).

- Grasso Marco e Sylos Labini Stefano, The day after tomorrow, in "Vision, i cambiamenti climatici ed il futuro del nostro pianeta", in http://www.visionwebsite.eu/UserFiles/File/filedascaricare/paper_grasso_IT.pdf (accesso effettuato il 22/02/2014).

- Perotta Marina, Clima, per i militari della NATO la lotta ai cambiamenti climatici è per la sicurezza nazionale, in http://www.ecoblog.it/post/100579/clima-per-i-militari-nato-la-lotta-ai-cambiamenti-climatici-e-per-la-sicurezza-nazionale (accesso effettuato il 25/02/2014).

- Virtuani Paolo, Onu: il mondo non è preparato al clima che cambia, in http://www.corriere.it/ambiente/14_marzo_31/onu-mondo-non-preparato-clima-che-cambia-65e2b106-b8a8-11e3-917e-4c908e083af6.shtml (accesso effettuato il

05/04/2014).

5. Siti internet

- Institute for Environmental Security, http://www.envirosecurity.org/index.php (accesso effettuato il 19/02/2014).
- Intergovernmental Panel on Climate Change (IPCC), http://www.ipcc.ch/ (accesso effettuato il 25/01/2014).
- Servizio meteorologico dell'Aereonautica Militare (climatologia), http://clima.meteoam.it/link.php?page=camb iamentiClimatici (accesso effettuato il 06/03/2014).
- World Meteorological Organization, https://www.wmo.int/pages/prog/wcp/wcdm p/index_en.php (accesso effettuato il 06/02/2014).

Allegato A

Schema semplificato della radiazione solare

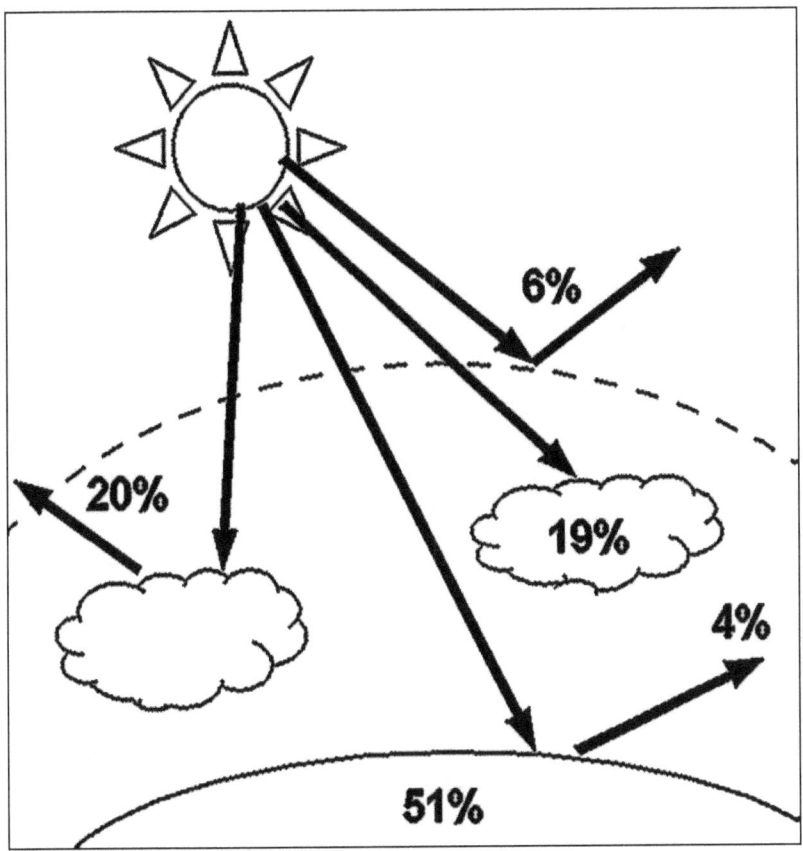

Fig. 1
(fonte: http://www.climatemonitor.it/?p=9867)

Allegato A

La figura ricapitola, semplificando, la percentuale di radiazioni che il Sole invia sulla Terra. Le radiazioni solari sono riflesse dagli strati esterni dell'atmosfera (6%), dalle nuvole (20%) e dalla superficie terrestre (4%) e dunque complessivamente per circa il 30%, mentre il rimanente 70% è assorbito dall'atmosfera e dalle nuvole (19%), dal suolo e dal mare (51%).

I raggi solari dunque penetrano nell'atmosfera, dove vengono in parte riflessi ed in parte assorbiti dalla superficie e convertiti in calore, calore che viene dissipato verso lo spazio sotto forma di irraggiamento infrarosso. L'interferenza dei gas serra alla dissipazione della radiazione infrarossa terrestre comporta l'accumulo di energia termica in atmosfera e quindi l'innalzamento della temperatura superficiale.

Per dare un'idea dell'entità del fenomeno, in assenza di gas serra, la temperatura superficiale media della Terra sarebbe di circa -18 °C mentre, grazie alla presenza dei gas serra in primis e del resto dell'atmosfera, il valore reale/effettivo è di circa +14 °C, ovvero molto al di sopra del punto di congelamento dell'acqua, consentendo così la vita come la conosciamo.

Allegato B

**Proiezione storica
dell'aumento delle temperature**

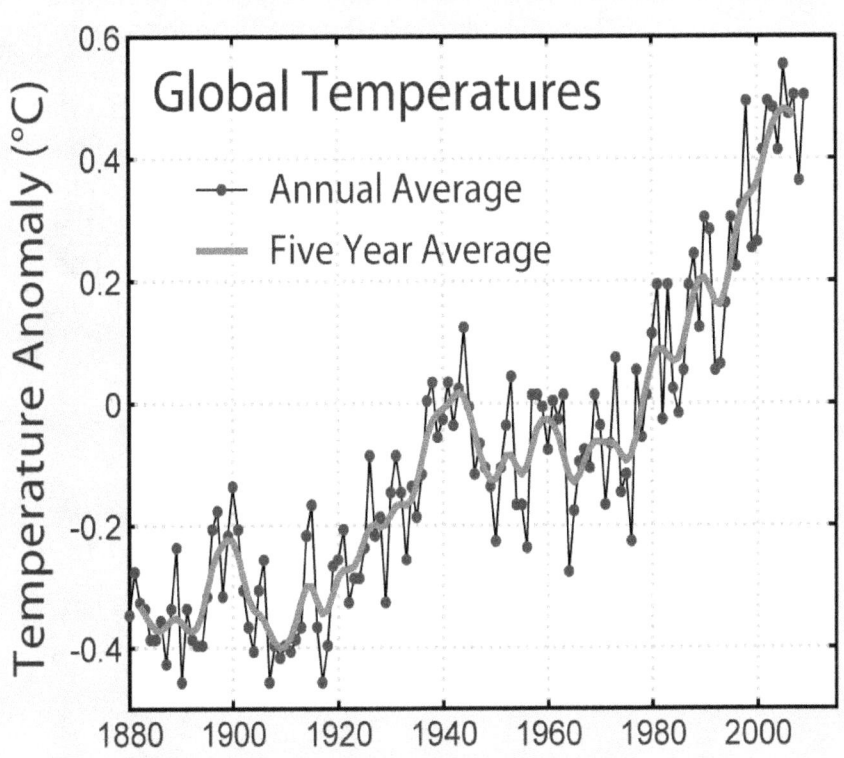

Fig. 2
*(fonte: IPCC, in http://it.wikipedia.org/wiki/
Riscaldamento_globale)*

Allegato B

Il grafico mostra l'anomalia media della temperatura atmosferica misurata a terra e alla superficie dei mari, così come ricostruita dall'IPCC, negli ultimi 150 anni, ponendone in risalto il graduale incremento.

L'IPCC ha confermato la tendenza di aumento delle temperature ed ha previsto fino all'anno 2100 un incremento della temperatura media tra 1,5°C e 6°C, a seconda del comportamento dei diversi fattori che influenzano il clima e dai risultati ottenuti dall'attuazione delle politiche di mitigazione.

Allegato C

Le componenti del *climate system*

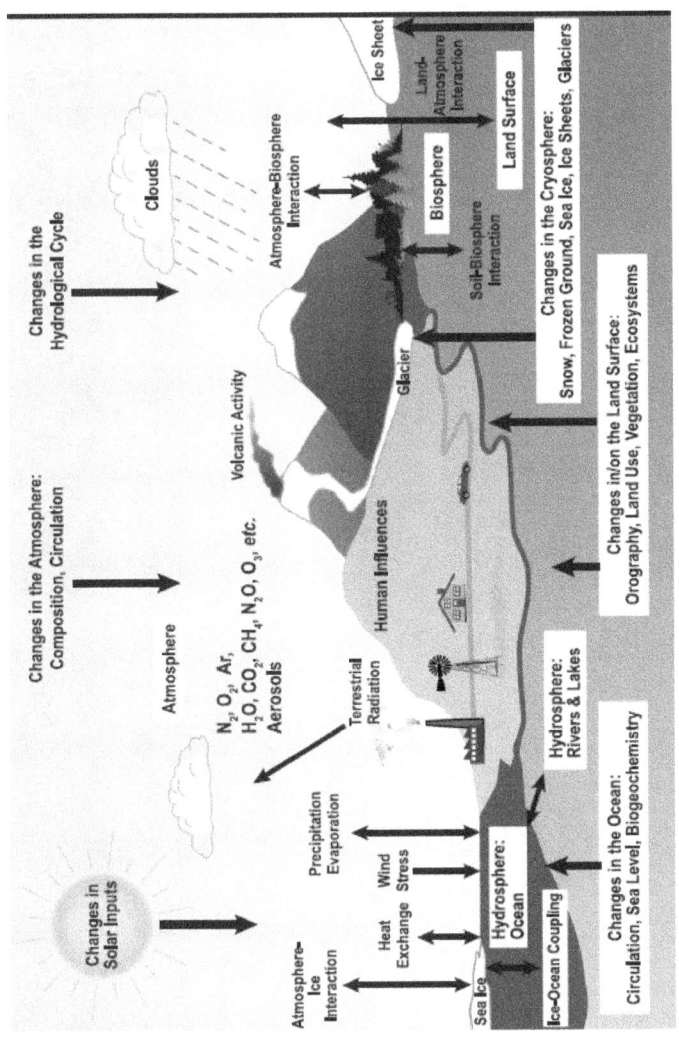

Fig. 3
(fonte: http://www.ipcc.ch/)

Allegato C

In fig. 3 sono schematizzati i processi e le interazioni delle componenti che influenzano il clima.

Modificazioni di questi processi potranno rallentare o aumentare gli effetti del cambiamento climatico.

Allegato D

Le conferenze sul clima che cambia: principali risposte

1979. Prima Conferenza mondiale sul clima. Si riconosce come urgente il problema dei cambiamenti climatici e degli effetti di lungo periodo che avranno sull'uomo e l'ambiente.

1990. L'*Intergovernmental Panel on Climate Change* pubblica il primo rapporto sul clima.

1992. A Rio de Janeiro si tiene la Conferenza sull'Ambiente e sullo Sviluppo. Si conclude con la stesura della UNFCCC, la Convenzione Quadro delle Nazioni Unite sui Cambiamenti Climatici il cui obiettivo è quello di ridurre le emissioni di gas serra. I paesi più industrializzati decidono di incontrarsi annualmente con le COP (Conferenze delle Parti). La UNFCCC entra in vigore nel 1994.

1995. L'IPCC pubblica il secondo rapporto sul clima. Si parla di processo irreversibile.

1997. COP-3. Protocollo di Kyoto. Gran parte dei paesi industrializzati e diversi Stati con economie in transizione accettano riduzioni legalmente vincolanti delle emissioni di gas serra da realizzare fra il 2008 e il 2012. Fra i paesi non aderenti figurano gli USA.

2001. L'IPCC pubblica il terzo rapporto sul clima: il riscaldamento del pianeta e i cambiamenti climatici sono una realtà ormai evidente.

2007. COP- 13 a Bali. Le delegazioni stabiliscono una *Road Map* sul dopo Kyoto. Viene riconosciuta la necessità di finanziare le nazioni in via di sviluppo per consentire loro di contrastare gli effetti dei cambiamenti climatici.

2009. COP- 15 a Copenaghen. La conferenza si chiude con un accordo che prevede di contenere entro i 2°C l'aumento della temperatura media del pianeta e un impegno finanziario da parte dei Paesi industrializzati nei confronti delle nazioni più povere al fine di incrementare l'adozione di tecnologie per la produzione di energia da fonti rinnovabili e per la riduzione dei gas serra. L'intesa non sarà però adattata dall'assemblea dell'UNFCC quindi non è né vincolante né operativa.

2010. COP- 16 a Cancun. Viene elaborato un "pacchetto di accordi" accettato da tutti i Paesi, con la sola esclusione della Bolivia. Il "pacchetto bilanciato", è un documento che contiene una lista di dichiarazioni politiche d'intenti generali. Una delle decisioni prese riguarda il Protocollo di Kyoto che dovrà continuare anche dopo la sua scadenza naturale del 2010.

2011. COP-17 a Durban. Viene definito un accordo che dice che nel 2015 verrà definita un'intesa e che questa sarà valida nel 2020. Si discute anche di modificare la convenzione sui rifugiati del 1951 per inserire i migranti ambientali.

Marzo 2012. Gli scienziati dell'IPCC pubblicano il rapporto *"Managing the risks of extreme events and disasters to advance climate change adaptation"* dove è chiaro che il cambiamento impatti anche sugli spostamenti di popolazione.

Giugno 2012. Conferenza a Rio de Janeiro (Rio+20 venti anni dopo il primo vertice), Brasile. Si è conclusa con risultati considerati piuttosto magri. La rinuncia a nuovi impegni suscita le critiche della stampa e delle ONG.

Novembre 2012. COP-18 (Doha). Viene approvato il *Doha Climate Gateway*. Un testo di passaggio (*gateway*) che conferma il Secondo Periodo di impegni sotto il Protocollo di Kyoto per i paesi sviluppati e inaugura un nuovo regime di negoziati per un trattato globale legalmente vincolante sul cambiamento climatico, che richiederà tagli alle emissioni a tutti gli stati membri.

Novembre 2013. COP-19 a Varsavia, Polonia. Nella Conferenza uno degli aspetti più discussi è il tema del *"loss and damage"*, ovvero delle misure per proteggere le popolazioni più vulnerabili dai danni causati dagli eventi climatici estremi. Inoltre vengono definiti con più chiarezza gli impegni finanziari per sostenere i PVS nelle loro azioni di mitigazione e adattamento ai cambiamenti climatici.

Dicembre 2014. COP-20 a Lima, Perù. I Paesi hanno trovato un accordo su un testo di compromesso tra le richieste dei Paesi in via di sviluppo e industrializzati. Il nuovo accordo è stato chiamato *"Lima Call for Climate Action"*, e tiene conto delle peculiarità e delle difficoltà dei singoli Stati nell'affrontare la crisi climatica e non mina il percorso negoziale verso il traguardo fissato per Parigi 2015, quando in una nuova Conferenza si auspica di arrivare a un nuovo trattato internazionale sulla riduzione delle emissioni di gas serra.

Dicembre 2015. COP-21 a Parigi, Francia. La conferenza ha negoziato l'Accordo di Parigi, un accordo globale sulla riduzione dei cambiamenti climatici. Nel documento di 12 pagine i membri hanno concordato di ridurre la loro produzione di ossido di carbonio "il più presto possibile" e di fare del loro meglio per mantenere il riscaldamento globale "ben al di sotto di 2 °C" in più rispetto ai livelli pre-industriali.

Novembre 2016. COP-22 a Marrakech, Marocco. Alla conferenza si è discusso di come implementare e superare quanto emerso dalla conferenza di Parigi. I Paesi si sono accordati su un programma di lavoro per attuare entro il 2018 l'Accordo siglato a Parigi l'anno precedente, sulla lotta al surriscaldamento del pianeta, e su un Fondo Verde, il *Green Climate Found*, per aiutare i Paesi in via di sviluppo.

Novembre 2017. COP-23 a Bonn, Germania. organizzata dalla Repubblica delle Fiji ma organizzata in Germania per ragioni pratiche, si è tenuta in un Campus delle Nazioni Unite a Bonn dal 6 al 17 novembre 2017. La Conferenza ha incluso la 23ma conferenza delle Parti al *United Nations Framework Convention on Climate Change (UNFCCC)* e il 13mo meeting delle Parti per il *Kyoto Protocol* (**CMP13**) e il secondo meeting delle Parti per il *Paris Agreement* (**CMA2**). Lo scopo della conferenza era di discutere e attuare piani per combattere il cambiamento climatico, compresi i dettagli su come l'Accordo di Parigi funzionerà dopo l'entrata in vigore nel 2020. Il COP è stato presieduto dal Primo Ministro delle Figi, Frank Bainimarama, per la prima volta uno stato in via di sviluppo in una piccola isola ha assunto la presidenza dei negoziati. Il governo tedesco ha fornito un notevole sostegno che ammonta a oltre 117 milioni di euro (135,5 milioni di dollari) per la costruzione delle strutture per le conferenze. Sebbene la COP23 si concentrava principalmente sui dettagli tecnici dell'accordo di Parigi, è stata la prima conferenza delle parti ad aver luogo dopo che il presidente Donald Trump ha annunciato che gli Stati Uniti si sarebbero ritirati dall'accordo.

La COP23 ha concluso con quella che è stata definita la *"Fiji Momentum for Implementation",* che delineava i passi da intraprendere nel 2018 per rendere operativo l'accordo di Parigi e ha lanciato il "Dialogo Talanoa", un processo progettato per aiutare i paesi a migliorare e attuare i loro contributi determinati a livello nazionale entro il 2020.

Dicembre 2018. COP-24 a Katowice, Polonia. La Conferenza ha concordato sulle regole per migliorare l'Accordo di Parigi del 2015.

www.ingramcontent.com/pod-product-compliance
Lightning Source LLC
Chambersburg PA
CBHW072252170526
45158CB00003BA/1065